Entrümpeln nach Feng Shui

Verwandle in 10 Tagen deine Wohnung in eine Oase

Inhaltsverzeichnis

Einleitung

Feng Shui ist ein fernöstliches System zur korrekten Anordnung von Objekten in einem Raum. Hierbei geht es darum, den Fluss vom *Qi*, oder frei übersetzt *Energie*, durch die Anordnung vonObjekten im Raum zu begünstigen. Es handelt sich dabei nicht zwingend um messbare oder vielleicht „magische" Energie, sondern prinzipiell einfach der indirekte Einfluss, den Objekte auf unser Leben haben können. Die Entwicklung des Feng Shui lässt sich bis vor ungefähr 6000 Jahren in China zurückverfolgen. Im Laufe dieser Zeit haben sich viele Lektionen und Prinzipien herausgebildet, die sich auf viele Aspekte des Wohnens anwenden lassen.

Das Ziel dieses Buches ist es nun, Lektionen aus dem Feng Shui auf das Entrümpeln der Wohnung anzuwenden, um diese wieder zu einem lebenswerteren Ort zu verwandeln, gleichsam dem Erblühen einer Oase. Viele Menschen wissen, wie schnell sich unnütze Gegenstände und Unrat in der eigenen Wohnung ansammeln können. Oft belastet das einen, man fühlt sich vielleicht sogar überwältigt von der Aufgabe dieses anzugehen. Oder man weiß nicht so recht, wo man anfangen soll. Hierbei soll dieses Buch eine Anleitung geben, wie man eine solche Entrümpelung nach der Lehre des Feng Shui angehen könnte.

Dabei sind ein paar Dinge zu beachten. Zuerst soll dieses Buch nicht als umfassende Einführung in das Feng Shui an sich angesehen werden. Feng Shui ist häufig eine sehr individualisierte Angelegenheit und die Anordnung von größeren Möbeln und die Zimmerverteilung sind häufig noch wichtiger in diesem System. Anstelle dessen gehen wir das spezielle Thema des Entrümpelns an und schneiden dabei Thematiken und Lehren des Feng Shui an, um dabei gleichzeitig eine einfache Anleitung sowie Denkanstöße zu vermitteln. Wer sich ausgiebiger mit Feng Shui beschäftigen möchte, dem sei sowieso geraten professionelle Unterstützung in Form eines Feng Shui Meisters zu suchen. Denn das zugrunde liegende System ist äußert komplex und resultiert häufig bei unterschiedlichen Personen in unterschiedlichen Ergebnissen. Zum Beispiel werden bei der Behandlung des Qi meist die fernöstlichen fünf Elemente behandelt, nämlich Metall, Wasser, Holz, Feuer und Erde. Sein eigenes Element mit den Elementen der Gegenständen in einem Raum und der Funktion des Raums in

Einklang zu bringen, eine solche Abhandlung sprengt den Rahmen dieses Buches.

Anstelle dessen widmen wir uns ein wenig genauer einer simpleren Betrachtung dieser Energie. Und das ist die Unterteilung in positive und negative Energie. Hierbei können wir nämlich unsere Intuition benutzen und schnell feststellen, ob ein Gegenstand einen positiven oder negativen Einfluss auf uns hat. Das bedeutet zum Beispiel festzustellen, ob sich etwas eher gut oder eher schlecht anfühlt. Und im Endeffekt zu versuchen den Einfluss positiver Energie zu begünstigen und den Einfluss negativer Energie zu vermeiden. Besitztümer, die zum Beispiel mit schlechten Emotionen verbunden sind, sind definitiv zu entfernen. Dies kann Gegenstände in der gesamten Wohnung betreffen. Nehmen wir als Beispiel Schuldgefühle in Bezug auf Geschenke. Wenn man geschenkte Sachen nur deswegen behält, weil eine andere wichtige Person sie einem geschenkt hat, obwohl man selber diesen Objekten nicht sehr zugeneigt sind. Im Feng Shui gilt es immer negative Energie zu vermeiden und aus dieser Betrachtungsweise sind solche Gegenstände unbedingt zu entfernen. Das gleiche gilt zum Beispiel auch für Erinnerungsstücke an negative Zeiten, wie zum Beispiel Fotos von Ex-Partnern sein können. Hier gilt es auch diese unbedingt zu entrümpeln, wann immer wir darauf stoßen werden.

Ein weiteres wichtiges Prinzip im Feng Shui ist auch den Fluss von Energie zu begünstigen. Das bedeutet Platz zu schaffen um neue und frische Energie in die Wohnung einfließen lassen zu können. Dies wiederum hat zur Folge, dass wir in der praktischen Anwendung des Entrümpelns einen eher progressiven Ansatz benutzen. Das bedeutet im Zweifel immer eher Gegenstände wegzuwerfen, als diese zu behalten. Und vielleicht sogar Dinge zu entrümpeln, an denen wir eigentlich noch hängen. Denn im Feng Shui ist Raum für neue Energie zu schaffen ein grundsätzlich positives Unterfangen. Auf diesen Aspekt werden wir in den verschiedenen Kapiteln noch detaillierter eingehen.

Bevor wir uns nun in den einzelnen Kapiteln einzelner Räume widmen, seien noch ein paar generelle Hinweise genannt. Als erstes steht, dass Vorbereitung und vernünftige Planung den Erfolg eines solchen Unterfangens begünstigt. Das heißt vorher zu überlegen, wieviel Zeit man an jedem Tag für das Entrümpeln aufbringen möchte und kann. Dabei muss nichts erzwungen werden. Wenn man es an einem Tag nur schafft, eine halbe Stunde für das Entrümpeln aufzubringen, und deswegen nur drei Kleinigkeiten wegschmeißen kann, ist man trotzdem weiter als wenn man gar nichts getan hätte. Und der hier vermittelte 10-Tages-Plan lässt sich natürlich dann zu einem späteren Zeitpunkt wiederholen.

Wichtig ist auch, dass wir hier vom Entrümpeln von unnützen Gegenständen sprechen. Und wir betrachten dies mehr aus energetischen Gründen, als aus hygienischen Gründen. Kurzum, Putzen wird hier nicht direkt behandelt, wobei es sich natürlich zusammen mit dem Entrümpeln anbietet. Aus der Sichtweise des Feng Shui stellt Schmutz selbstredend negative Energie dar, das Putzen und Entrümpeln sollte also im besten Falle zusammen erledigt werden. Also sei hier kurz der Hinweis genannt, dass man bei einer Abarbeitung des hier vermittelten Plans auch ruhig jedes Mal putzt, wenn es der Zeitrahmen zulässt.

Und als letztes sei gesagt, dass wir auch ein positives Umfeld jedes Mal beim Entrümpeln für uns selber schaffen sollten. Das bedeutet die Fenster und Vorhänge weit zu öffnen, um helles Licht und frische Luft herein zu lassen. Und zum Beispiel Musik anzumachen, die man gerne hört. Auch Duftkerzen können sich anbieten. Generell ist es wichtig beim Feng Shui Ästhetik für alle Sinne zu schaffen.

Das richtig sich ganz nach dem eigenen Geschmack und wir können nun damit beginnen, die eigene Wohnung in zehn Tagen zu entrümpeln.

Kapitel 1: Schlafzimmer

Feng Shui stellt eine Möglichkeit dar, eine so praktische Angelegenheit wie die Entrümpelung der eigenen Wohnung mit Weisheiten und altem Wissen aus dem fernen Osten anzugehen. Dabei lernen wir zuerst, dass Gegenstände und Besitztümer um uns herum einen großen Einfluss auf unser Leben ausüben. Dieser Einfluss ist erst einmal praktischer Natur, aber auch auf einer höheren Ebene haben die Dinge energetisch einen Einfluss aufeinander, da alles miteinander verbunden ist. Je dichter und langanhaltender Dinge bei uns stehen, desto größer ist auch ihr Einfluss auf uns. Da wir hier schlafend einen Großteil unserer Zeit verbringen, ist es ratsam am ersten Tag unserer Entrümpelung mit dem Schlafzimmer zu beginnen. Genau genommen werden wir sogar zwei Tage hier verbringen, da wir uns einen ganzen weiteren Tag dem Kleiderschrank widmen werden. Am ersten Tag gehen wir im Gegensatz zum zweiten eher daran Besitz neu zu arrangieren, als komplett loszuwerden. Auch wenn dies nicht der Fokus dieses Kapitels ist, so kann man natürlich immer mal auf Dinge stoßen, die man definitiv nicht braucht oder die negative

Energie aufweisen. Solche Dinge sind selbstverständlich immer zu entrümpeln.

Als erstes widmen wir uns einer der wichtigsten Lektionen. Jeder Gegenstand in einem Raum sollte der eigentlichen Funktion des Raumes dienen. Wozu dient das Schlafzimmer? Zum Schlafen natürlich. Zum Beispiel sollten Fitnessgeräte oder Fernseher eher nicht im Schlafzimmer stehen. Generell sollten elektronische oder Geräusche verursachende Geräte hier nicht abgestellt werden. Das hat zum einen praktische Relevanz, nämlich einen möglichst guten Schlaf zu begünstigen. Aber es geht auch darüber hinaus darum das richtige Umfeld für die richtige Art an Energie zu schaffen. Das Schlafzimmer sollte ein Ort der Ruhe und Entspannung sein. Dementsprechend sollten wir auch arbeitsbezogenen Besitz nach Möglichkeit in einen anderen Raum schaffen, zum Beispiel das Wohnzimmer. Denn dies repräsentiert Aktivität und Bewegung, also das genaue Gegenteil von Ruhe und Entspannung. Und auch wenn wir schlafen haben diese Dinge auf uns einen energetischen Einfluss. Dasselbe gilt im Übrigen auch für Spiegel. Spiegel gelten fernöstlich als Übergang zu anderen Welten und sollten von daher nicht direkt auf das Bett ausgerichtet werden. Da wir im Schlaf von solchen Energien am besten nicht gestört werden sollen. Nicht immer ist dies möglich, aber es geht hierbei erst einmal darum den Blick zu schärfen und etwaigen Besitz zu identifizieren, der eigentlich in einen anderen Teil der Wohnung besser passen würde.

Kapitel 2: Kleiderschrank

Am zweiten Tag widmen wir uns nun dem Kleiderschrank im Schlafzimmer. Wenn wir diesen entrümpeln können wir weitere Lektionen des Feng Shui lernen. Viele Menschen denken häufig „aus dem Auge, aus dem Sinn". Feng Shui lehrt uns aber, dass dies nicht der Fall ist. Niedrige Energie verschwindet nicht einfach, wenn man Türen schließt. Im Feng Shui gibt es keine Grenzen. Und die niedrige Energie beeinflusst uns auch, wenn wir nicht daran denken. Kein anderer Bereich unserer Wohnungen stellt dies besser dar als der Kleiderschrank. Bei vielen von uns sammeln sich mit der Zeit ganze Altkleidersammlungen an, mit vielen Stücken, die wir nie wieder anziehen werden. Dieser Ballast stellt niedrige Energie dar und wir sollten uns davon befreien, um die Energie des gesamten Schlafzimmers und der Wohnung darüber hinaus zu erhöhen. Auch praktisch gesehen nimmt es einem Zeit, sich auf der Suche nach etwas Passendem durch alte Kleider und Klamotten zu wühlen. Und dabei bringt man jedes Mal mentale Energie dafür auf sich zu fragen, ob man nun ein entsprechendes Stück anzieht oder nicht. Nur um sich dann wieder dagegen zu entscheiden. Wir alle haben solche Kleidungsstücke in unseren Kleiderschränken und wir sollten uns tunlichst von diesen befreien.

Wenn man noch tiefer geht, kann man den Kleiderschrank sogar als hervorragendes Beispiel unseres Unterbewusstseins betrachten. Es ist interessant zu sehen, wie sehr sich hier unsere eigenen inneren Konflikte extern manifestieren. So werden Menschen, die achtlos ihre Emotionen ausleben, oft einen unordentlichen Kleiderschrank vorfinden. Bei dem sich dann kleine Probleme immer weiter anhäufen, wie auch in anderen Aspekten des Lebens. Schließlich fühlt man sich überwältigt von dieser Ansammlung und weiß nicht mehr wirklich, wie man damit umgehen soll. Zwei Aspekte sind wichtig, um hier vernünftig zu entrümpeln. Erstens, man muss sich ehrlich eingestehen können, was man nicht braucht und wovon man sich trennen kann. Bei Klamotten heißt das sich zu fragen: „Würde ich das morgen anziehen? Und wenn nicht, gibt es einen besonderen Anlass, zu dem ich das anziehen würde?“ Wenn man beides verneint sollte man in Erwägung ziehen sich von diesem Stück zu trennen. Der zweite Aspekt ist es sich nicht nur mit Einzelteilen zu beschäftigen, sondern generelle Ordnung in das System zu bringen. Sich entsprechende Fächer und Plätze für spezielle Kleidung zu schaffen ist wichtig, um Struktur zu etablieren und unser Leben zu vereinfachen. Nach diesen Prinzipien sollten wir mit wenig Aufwand Kleidungsstücke identifizieren können, die wir nicht mehr brauchen.

Wohin also nun mit alten Kleidungsstücken? Für solche gilt ein generelles Prinzip, das uns auch in anderen Bereichen nützen wird. Und das ist, dass es immer besser ist etwas zu vergeben, als etwas wegzuwerfen. Jemand anderem mit etwas Geschenktem eine Freude zu bereiten schafft positive Energie für beide. Möglicherweise kann man Kleidung an einen Freund oder an eine Freundin weitergeben. Andernfalls, gibt es heutzutage auch hervorragende Möglichkeiten solche Dinge über das Internet an Interessierte zu vergeben. Zuletzt bietet sich auch die Altkleidersammlung für entsprechende Stücke an. Ob nun persönlich weitergegeben oder doch weggeworfen, es ist überaus wichtig sich von solchem Ballast zu befreien um wieder ein hohes Energieniveau zu erreichen. Denn dies befreit uns davon, Energie für sich anhäufende Probleme zu verschwenden.

Kapitel 3: Küche

Als nächstes gehen wir am dritten Tag die Küche an. Küchen und Esszimmer sind Symbole der Gesundheit im Feng Shui. Tu also dir und deiner Gesundheit einen Gefallen und schaffe Ordnung in der Küche. Als erstes sollten überflüssige Produkte aus der Küche entfernt werden. Anfangen kannst du damit abgelaufene Nahrungsmittel aus dem Kühlschrank auszusortieren. Grade hier gilt jetzt das Prinzip Raum für neu eintretende Energie zu schaffen. Verschwende jetzt zum Beispiel keinen Gedanken daran, ob abgelaufene Nahrungsmittel vielleicht noch genießbar sind oder nicht. Werfe einfach alle Nahrungsmittel weg, die über dem Haltbarkeitsdatum stehen. Dasselbe gilt natürlich auch für Nahrungsmittel wie Obst oder Vorräte, die außerhalb des Kühlschranks gelagert werden. Älteres Obst und Gemüse kannst du jetzt getrost wegschmeißen. Und wenn du Vorratsschränke durchgehst, werfe alles raus, was bereits über 6 Monate geöffnet ist. Außerdem gilt für die Küche, wie auch für den Rest der Wohnung, dass du keine abgestorbenen Pflanzen im Raum stehen haben solltest. Symbolisch betrachtet ist Verfall und Tod in der Wohnung immer zu vermeiden.

Auch können wir hier den Aspekt der Farbenlehre im Feng Shui anwenden. Wie bereits erwähnt sind viele Aspekte des Feng Shui eher komplex und hängen sowohl vom Individuum als auch der Situation ab. Das gilt im Prinzip auch für die Farbenlehre, dennoch lässt ein einfacher Hinweis geben. Nämlich das in der Küche grade die Farbe Gelb gewünscht ist, da sie unter anderem auch die Verdauung fördert. Das bedeutet, dass wir uns auch darauf konzentrieren können, die Farbe Gelb in der Küche zu belassen und andere Farben möglichst zu entfernen oder in Schränken aufzubewahren. Des Weiteren sollten wir Simplizität und Natürlichkeit beachten. Die Küche sollte möglichst einfach und zweckdienlich eingerichtet sein. Überflüssige oder kaum genutzte Küchengeräte sollten vielleicht besser weitergegeben werden. Elektronische Geräte und Chemische Putzmittel sollten durch natürliche Varianten ersetzt werden.

Kapitel 4: Eingangsbereich

Im nächsten Schritt kümmern wir uns am vierten Tag um den Eingangsbereich der Wohnung. Der Eingang der Wohnung ist häufig missachtet, aber ein weiterer sehr wichtiger Bereich im Feng Shui. Der Eingangsbereich steht für den Punkt, in dem Energie in die Wohnung eintreten kann. Dementsprechend sollte dieser nicht unnötig versperrt sein. Diesen zu entrümpeln schafft somit die Möglichkeit neue Energie unser Leben wieder revitalisieren zu lassen. Reduziere daher die Dinge im Eingangsbereich auf ein absolutes Minimum. Schaue, ob du zum Beispiel alle Jacken und Schuhe in einer Garderobe im Eingangsbereich derzeit mehrmals pro Woche anziehst. Wenn nicht, solltest du diese vielleicht besser in einem Kleiderschrank aufbewahren. Für alles weitere lässt sich ein ähnliches Prinzip wie im Schlafzimmer anwenden. Stelle dir Fragen, wie: „Was benötige ich wirklich hier?“ und „Kann ich das nicht auch besser aufbewahren?“. Versuche weiteren Hausrat und eventuelle Kommoden in einem anderen Teil der Wohnung unterzubringen, der dafür besser geeignet ist. Es gilt einfach zu vermeiden, dass der Eingangsbereich in irgendeiner

Form als Lagerbereich genutzt wird. Dies stört sonst nur den ungehinderten Einfluss von Energie.

Hier wie auch in allen anderen Bereichen der Wohnung gilt es außerdem zu versuchen sich von Ästhetik leiten zu lassen. Visuell ansprechende Eindrücke schaffen positive Energie. Dies ist zuerst einmal bei der Neuanschaffung von Besitztum relevant. Aber im Umkehrschluss sollte auch bei der Entrümpelung Ästhetik beachtet werden. Unansehnliche oder unpassende Gegenstände oder Möbelstücke sollten entfernt werden, auch wenn diese einen praktischen Nutzen haben. Und dies ist im Eingangsbereich fast noch wichtiger als im gesamten Rest der Wohnung. Denn nicht nur fließt hier neue Energie herein, und der Zustand des Eingangs bestimmt dabei, wie diese anschließend in der Wohnung zirkuliert. Der erste Eindruck bestimmt beispielsweise stark, wie sehr sich Menschen in einer Wohnung wohlfühlen.

Kapitel 5: Badezimmer

Am fünften Tag unserer Entrümpelung widmen wir uns nun dem Badezimmer. Als erstes steht natürlich die direkte Beseitigung von fast oder ganz verbrauchten Utensilien an. Fast ausgeleerte Zahnpastatuben und Shampoo-Flaschen sollten jetzt in den Müll wandern und dieser anschließend nach draußen. Ungenutzte oder doppelte Produkte sollten verstaut werden. Dies sind die eher grundlegenden Schritte. Aber grade im Badezimmer können wir auch ein wichtiges Prinzip im Feng Shui genauer behandeln. Viele Menschen haben eine generelle Tendenz zu versuchen möglichst viel Platz einzunehmen, grade in eigenen Räumlichkeiten, die öfters mit anderen Menschen geteilt werden. Auch wenn wir selber nicht grade in diesem Raum präsent sind, so versuchen wir oft bewusst und unterbewusst mit persönlichen Gegenständen unsere eigenen, nicht zu teilenden, Bereiche zu markieren. Bewusst wird dies oft aus praktischen Gründen getan. Man möchte zum Beispiel dieselben Produkte immer am selben Platz wissen. Aber die Verteilung dieser wird oft unterbewusst dadurch beeinflusst, dass wir mit persönlichen Raum einen Teil unserer Identität schaffen. Grade in geteilten

Bereichen geht es hier sehr häufig um die Abgrenzung gegenüber anderen Menschen, vielleicht sogar um Dominanz und Behauptung. Aber Feng Shui lehrt uns nicht krampfhaft an solchen Dingen festzuhalten. Denn solche Anstrengungen haben oft einen weitaus negativeren Einfluss auf uns, als die Dinge, die wir durch diese Anstrengungen zu vermeiden versuchen.

Das Badezimmer ist daher eine gute Übung, den Einfluss neuer Energie an weniger intuitiven Orten zu begünstigen. Schaffe zum Beispiel Platz für deinen Partner, grade auch wenn dieser eigentlich gar nicht in derselben Wohnung lebt. Du kannst zum Beispiel eine extra Zahnbürste für deinen Partner in einem Becher über das Waschbecken stellen. Halte vielleicht sogar ein kleines Plätzchen für einen zukünftigen Partner bereit, selbst wenn du grade in keiner Beziehung bist. Dasselbe gilt auch für eventuelle Gäste. Und natürlich ist zu beachten, dass man zusammenlebenden Partnern, Kindern oder Mitbewohnern immer so viel Raum zustehen lassen sollte, wie man selber einnimmt.

Kapitel 6: Wohnzimmer

Weiter geht es mit dem Wohnzimmer, beziehungsweise dem Wohnbereich der Wohnung. Wie bereits erwähnt, das Wohnzimmer ist ein Bereich der Wohnung, der eher mit Aktivität verbunden ist. Darum bietet es sich hier deutlich besser an, aktivitätsbezogene Gegenstände wie Fitnessgeräte oder Arbeitscomputer aufzubewahren, als im Schlafzimmer. Natürlich nur unter der Annahme, dass man kein eigenes Zimmer für diese sonst hat. Noch wichtiger ist allerdings, dass die Räume ihre eigentliche Funktion beibehalten. Ein sehr großes Schlafzimmer von entsprechenden Geräten zu befreien bringt auch nichts, wenn dafür das Wohnzimmer so vollgestellt wird, dass hier ein behagliches Beisammensein mit Familie und Freunden nicht mehr möglich ist. Wenn es dazu kommt, sollte man lieber in Erwägung ziehen sich von entsprechenden Geräten ganz zu trennen. Denn ihr indirekter Einfluss kann den direkten praktischen Nutzen zunichtemachen.

Da in Wohnzimmern oft allerlei verschiedener Dinge stehen, sollten wir uns hier zuerst auf ein einfaches Prinzip der

Entrümpelung konzentrieren. Wenn man nicht so recht weiß, womit man anfangen soll, so bedienen wir uns der mit Feng Shui verbundenen Lehre der Zahlen. Die Zahl 9 steht hierbei für Errungenschaften und der Bewältigung persönlicher Ziele. Also kann man sich vornehmen neun Gegenstände aus einem Raum zu entrümpeln. Gehe dabei einfach durch den Raum und suche ohne groß nachzudenken neun Gegenstände zum Entrümpeln aus. Wenn du neun Gegenstände findest, wirf diese direkt in einen Müllsack und stelle diesen raus, bevor du anfängst dir darüber Gedanken zu machen, ob du diese nicht vielleicht doch benutzen könntest. Spontanität ist hier wichtig, unterbewusst wirst du sowieso keine wirklich wichtigen Gegenstände aussuchen.

Der positive Einfluss auf die uns umgebende Gemeinschaft ist ein weiterer Aspekt des Feng Shui. Wir wollen zum einen natürlich den Einfluss positiver Energie auf unser Leben beeinflussen. Damit die Energie fließt müssen wir aber natürlich auch Energie selber abgeben können. Speziell bei oft in Wohnzimmern stehenden Sammlungen von Büchern lässt sich dies hervorragend anwenden. Viele Menschen tendieren dazu eine Sammlung von gelesenen Büchern zu schaffen. Und auch wenn wir es mögen gelesene Bücher als Art Errungenschaft oft im

Regal stehen zu sehen, so wissen wir auch häufig, dass wir diese nicht ein weiteres Mal lesen werden. Und wenn wir uns eingestehen, dass wir ein Buch nicht mehr lesen werden: Warum es nicht weiter geben, sodass jemand anderes es lesen kann? Hier lohnt es sich durchaus, vielleicht zwei bis drei Bücher aus der eigenen Sammlung auszuwählen und diese an die Gemeinschaft weiterzugeben. Das bedeutet diese eventuell an einen interessierten Bekannten zu geben. Oder in einen öffentlichen Bücherschrank zu stellen. Sich hier von entsprechenden Besitz zu trennen, von dem man sich eigentlich eher ungern trennen möchte, und diesen an die Gemeinschaft zu geben, bringt positive Energie.

Kapitel 7: Arbeitsbereich

Wenn wir uns nun am siebten Tag dem Arbeitsbereich widmen, legen wir den Fokus weniger auf Ästhetik als auf Funktionalität. Seiner Funktion entsprechend sollte der Arbeitsbereich also auf einen möglichst reibungslosen Ablauf der Arbeit ausgelegt sein. Man kann die Entrümpelung hier damit beginnen, Schreibmaterialien und Arbeitsutensilien nach alten, unbrauchbaren Stücken zu durchsuchen. Mit Sicherheit findet sich ein ganzer Haufen leerer Kugelschreiber und abgenutzter Bleistifte, die sofort im Müll verschwinden können. Weniger ist mehr, doppelte Utensilien sollten ebenso aus dem direkten Arbeitsbereich verschwinden. Für die meisten Menschen zum Beispiel reicht es, wenn man eine Schere griffbereit in einer Schublade hat. Man kann doppelte Stücke von mehreren Stücken dann zum Beispiel in einer tiefer gelegenen Ersatzschublade halten. Als nächstes gehen wir zu persönlichen Gegenständen, die uns vermeintlich positive Energie bringen sollen, aber nichts mit der Arbeit zu tun haben. Fotos von Familienmitgliedern haben hier nichts zu suchen, da dies nicht der Raum für persönliche Beziehungen ist. Solche Ablenkungen vom Arbeitsbereich zu entfernen kann helfen, die richtige Energie zu schaffen, um sich auf die Arbeit konzentrieren. Als letztes ist es auch ein guter Tipp, Dokumente zu digitalisieren und somit tatsächlichen Raum für Arbeit und Kreativität zu schaffen. Und wenn man zweifelt ob ein Dokument es die Arbeit Wert ist eingescannt zu werden, kann man auch gleich überleben ob man dieses sowieso behalten sollten.

Beim Arbeitsbereich widmen wir uns auch dem Thema von Irritationen. Das sind irritierende Gegenstände, sprich solche die uns leicht negativ auffallen. Volle Papierkörbe und Kabelsammlungen, beispielsweise. Hier gilt es unbedingt negative Energie zu vermeiden. Das bedeutet irritierende Gegenstände zu entfernen, die nicht weniger irritierend gemacht werden können. Wenn wir von Papierkörben sprechen, so ist es besser einen zu kleinen Papierkorb komplett zu entfernen, als permanent einen gefüllten Papierkorb vor sich zu haben. Denn dies hat andernfalls einen konstanten negativen energetischen Einfluss auf einen, der einen zum Beispiel im beruflichen Erfolg zurückhalten kann. Stell dir also die Frage, ob irritierende Gegenstände weniger irritierend gemacht werden können. Kannst du den zu kleinen Papierkorb durch einen größeren ersetzen? Kannst du die Kabel vielleicht besser arrangieren? Wenn du diese Fragen verneinst, ist es vielleicht besser diese Gegenstände auszumisten, falls diese nicht wirklich essentiell sind.

Kapitel 8: Briefkasten

Als ein weiteres Beispiel klassischer Einschränkung von fließender Energie, widmen wir uns am achten Tag dem Briefkasten, beziehungsweise der Ansammlung von Briefen. Hierbei geht es eigentlich sogar generell um Kommunikation. Von daher bieten sich mehrere Möglichkeiten. Zum ersten können wir uns darauf fokussieren die Bearbeitung von Briefen generell zu vereinfachen. Schaffe eine Ablage für zu bearbeitende Briefe indem du diese sammelst und zusammenlegst. Entferne dabei Umschläge und Werbung, die du nicht wirklich benötigst.

Anschließend kann man in einem gegeben Zeitrahmen sich daran machen, einiger dieser Briefe zu beantworten, beziehungsweise zu bearbeiten. Hier wenden wir nun eine weitere, sehr grundlegende Lehre des Feng Shui an. Und das ist, nach Balance zu streben. Balance bedeutet den Ausgleich zu bilden zwischen positiver Energie und negativer Energie. Grade bei Briefen haben wir nur indirekten Einfluss darauf, was für eine Art Briefe an einem gegebenen Tag ankommen. Aber wir können wählen, wie wir mit diesen umgehen und somit versuchen, den Einfluss von negativer Energie zu verringern. Also kann es ratsam sein, abwechselnd einen positiven Brief und dann einen negativen Brief zu bearbeiten. Auf diese Weise werden sich beide Richtungen im Idealfall ausgleichen und wir gehen aus dieser Situation emotional neutral heraus.

Kapitel 9: Kinderzimmer

Am neunten Tag steht das Kinderzimmer an. Aus der Sicht des Feng Shui ist der energetische Einfluss der gesamten Wohnung von Belang für den Hausbesitzer, beziehungsweise Hauptmieter. Von daher muss aus dieser Sicht geraten werden, die gesamte Wohnung einer Entrümpelung zu durchziehen, nicht nur den für einen selbst persönlichen Bereich. Natürlich ist dies nicht immer möglich. Je älter zum Beispiel der im Hause lebende Nachwuchs ist, desto weniger kann man selber direkt entscheiden, an einem gegeben Tag das zu tun. Zum Beispiel bei jugendlichen Kindern kann man alternativ sich darauf verabreden zur selben Zeit das Haus zu entrümpeln, anstelle es selber zu tun. Dasselbe gilt im Übrigen auch für Mitbewohner. Wer sich mehr und tiefer damit beschäftigt wird verstehen, dass im Feng Shui der Hausbesitzer oder Hauptmieter eigentlich die alleinige Entscheidung über Angelegenheiten der gesamten Wohnung fällen sollte. Aber natürlich spielen in solchen Situationen noch weitere Faktoren hinzu, die oftmals eine eher gemeinschaftliche Lösung erfordern. Immerhin geht es darum negative Energie zu vermeiden, und das beinhaltet auch negative Energie zwischenmenschlicher Natur.

Wenn wir praktisch bezogen nun von einem eher kleineren Kind ausgehen, so übernimmt man hauptsächlich selber die Entrümpelung. Dabei geht es dann nicht darum den negativen Einfluss von Spielsachen zu bewerten. Ob bestimmte Spielsachen als negativ zu sehen sind, ist oft mehr Erziehungsfrage als bezogen auf Feng Shui und wird hier nicht weiter erläutert. Nein, wir widmen uns heute eher dem Entrümpeln von offensichtlichem Müll. Werden Spielsachen gar nicht mehr benutzt oder ist Kleidung zu klein geworden, ist jetzt der Zeitpunkt gekommen solche zu entfernen. Dabei lässt sich das auch gut mit dem Kind zusammen machen. Wie bereits gesagt, es geht nicht zwingend darum eine komplette Entrümpelung durchzuführen. Es kann zum Beispiel vorkommen, dass das Kind protestiert dass es auf jeden Fall doch noch mit einem zur Entrümpelung ausgewählten Spielzeug spielen wird. Hier könnte es sich anbieten, dasselbe Verfahren wie im Arbeitszimmer mit dem Kind anzuwenden. Nämlich dem Kind aufzutragen selber neun Gegenstände auszuwählen, die aus dem Kinderzimmer entfernt werden können. Falls dies von Erfolg gekrönt ist verbindet sich so das Entrümpeln auch gleich mit einer wichtigen Lektion für das Kind.

Kapitel 10: Dachboden

Am letzten Tag widmen wir uns nun dem Raum, in welchem wir allgemein Gegenstände lagern, die sonst nirgendwo in einen Raum passen. Als Beispiel nehmen wir hier den Dachboden, es kann sich aber auch genauso gut um den Keller oder die Garage handeln. Wichtig ist, dass hier zwei Aspekte des Feng Shui zusammenspielen. Der erste Aspekt ist, dass das gesamte Haus einer Entrümpelung unterzogen werden soll. Der zweite Aspekt ist, dass Dinge einen Einfluss auf uns haben, auch wenn sie vermeintlich nicht vor Augen sind. Nach neun vorherigen Tagen ist es nicht unbedingt mehr möglich, den gesamten Dachboden auszuräumen. Wo man in anderen Kapiteln mit gegebenen Zeitaufwand eine vollständige Entrümpelung schaffen kann, so ist dies hier kaum möglich. Und dabei ist zu beachten, dass wir mit kleinen Schritten mehr erreichen als mit gar keinen Schritten. Manche Menschen würden zum Beispiel ungern nur einen Teil des Dachbodens ausmisten, weil sich dies wie eine unvollständige Erledigung einer Aufgabe anfühlen würde. Aber, Entrümpeln ist sowieso ein mehr oder weniger ständiger Prozess. Auch wenn wir es schaffen würden, die gesamte Wohnung zu einem Zeitpunkt vollständig von unnützen Gegenständen und Unrat zu befreien, so wird sich dennoch immer wieder etwas Neues ansammeln. Von daher lässt sich eine solche Aufgabe eh nicht definitiv lösen, und eine schrittweise Herangehensweise bleibt dennoch eine gute. Option. Also, hier gilt es auch ganz einfach nur sich eine gewisse Zeit zu nehmen und in dieser einfach einen Teil zu entrümpeln.

Hierbei wird noch ein letzter, eher praktischer Tipp gegeben, wie man zu entrümpelnde Gegenstände in Lagerbereichen auswählt. Von Natur aus sammeln sich in Lagerstätten Gegenstände an, die man kaum alltäglich braucht. Aber es kann immer Gründe geben, warum man entsprechenden Besitz nochmal brauchen kann. Darum wird dieser ja gelagert. Die wichtige Frage hierbei zu stellen ist nicht „Kann ich das nochmal gebrauchen?“, sondern „Wann werde ich das gebrauchen?“. Wenn man keine bestimmte Antwort zu der letzten Frage geben kann, dann kann es Zeit sein, diesen Gegenstand zu entrümpeln. Wenn man zum Beispiel ein Zelt auf dem Dachboden aufbewahrt und man nicht wirklich weiß, wann und ob man nochmal Zelten geht, kann es ratsam sein sich davon zu trennen und dafür Platz für neue Energie zu schaffen. Möglicherweise findet sich dadurch zum Beispiel ein anderes Hobby, welches man dann doch engagierter ausübt als das vorherige.

Schlusswort

Nach diesen zehn Tagen des Entrümpelns könnten wir nun sehen, wie man mit Lehren des Feng Shui seine Wohnung entrümpeln kann. Dabei sind wir auf einige verschiedene Grundsätze des Feng Shui eingegangen, die dir hoffentlich Denkanstöße gegeben haben so ein Problem angehen zu können. Dabei wurden wichtige Lektionen auch über die gesamten Kapitel verteilt, manche der Lektionen späterer Kapitel sind dabei natürlich auch auf frühere Kapitel anwendbar. Dies soll dich ermutigen das Entrümpeln als wiederholbaren Prozess zu sehen, um nämlich beim möglichen nächsten Mal verschiedene Aspekte in anderen Räumen zu betrachten. Widme dich zum Beispiel bei der nächsten Entrümpelung der Küche doch einfach mal dem Thema von Irritationen (Kapitel 7), statt des Themas Ausmisten alter Lebensmittel, um den Fluss neuer Energie zu begünstigen. Die Anwendung gleicher Grundsätze in anderen Bereichen wird dich diese noch besser verstehen lassen. Auch sei hier noch einmal gesagt, dass es nicht das Ziel war, komplette Lektionen des Feng Shui zu vermittelt. Wer nach dem Lesen dieses Buches mehr Interesse an Feng Shui entwickelt hat, dem sei nur nahe gelegt, sich weiter darüber zu informieren und möglicherweise eine tiefergehende Umgestaltung der eigenen Wohnung nach den Aspekten des Qi anzustreben.

Wie bereits erwähnt, wird sich das Entrümpeln auch mit der allerbesten Methode immer wiederholen. Oft werfen wir unnütze Gegenstände nicht sofort weg oder wollen uns nicht eingestehen, dass ältere Dinge inzwischen unnütz für uns geworden sind. Sich das einzugestehen und wegwerfen zu können, ist ein reinigender Prozess. Übung macht dabei den Meister. Grade wenn man selber noch nicht sehr gut im Entrümpeln ist, so kann es helfen klein anzufangen und in zehn Tagen eher wenig Zeit dafür aufzuwenden. Um dann beim nächsten Mal mehr Zeit aufzuwenden und schneller zu entdecken, was entrümpelt werden kann. So sollte man schließlich schneller und effizienter darin werden, seine Wohnung von unnützen Dingen und damit negativer Energie zu befreien. Und damit schlussendlich in seinen eigenen vier Wänden eine Oase zu schaffen, die das Leben bereichert und uns neue Energie ermöglicht.

Impressum

Impressum:

ALI KALAI TLEMCANI

1 Complexe El hassani Immeuble Amal 2

90000 TANGIER

Marokko

Wichtiger Hinweis:

Die in diesem Buch enthaltenen Informationen dienen ausschließlich informativen Zwecken und dürfen unter keinen Umständen als Ersatz für eine professionelle Beratung oder Behandlung durch ausgebildete und anerkannte Ärzte angesehen werden. Diese beinhalten keinerlei Empfehlungen bezüglich bestimmter Diagnose- oder Therapieverfahren. Die Inhalte dürfen niemals als eine Aufforderung zur Selbstbehandlung oder als Grundlage für Selbstdiagnosen und -medikation verstanden werden. Die Informationen spiegeln lediglich die Meinung des

Autors wieder. Der Autor übernimmt für die Art oder Richtigkeit der Inhalte keine Garantie, weder ausdrücklich noch impliziert.

Sollten Inhalte des Buches gegen geltendes Recht verstoßen, dann bittet der Autor um umgehende Benachrichtigung. Die betreffenden Inhalte werden dann umgehend entfernt oder geändert.

Haftung für Links

Das Buch enthält Links zu externen Webseiten Dritter, auf deren Inhalte wir keinen Einfluss haben. Deshalb können wir für diese fremden Inhalte keine Gewähr übernehmen. Für die Inhalte der verlinkten Seiten ist stets der jeweilige Anbieter oder Betreiber der Seiten verantwortlich. Die verlinkten Seiten wurden zum Zeitpunkt der Verlinkung auf mögliche Rechtsverstöße überprüft. Rechtswidrige Inhalte waren zum Zeitpunkt der Verlinkung nicht erkennbar. Eine permanente inhaltliche Kontrolle der verlinkten Seiten ist jedoch ohne konkrete Anhaltspunkte einer Rechtsverletzung nicht zumutbar. Bei Bekanntwerden von Rechtsverletzungen werden wir derartige Links umgehend entfernen.

Printed in Poland
by Amazon Fulfillment
Poland Sp. z o.o., Wrocław

75843247R00025